Einheitliche Bezeichnungen im Turbinenbau

Die bisherigen Einigungsversuche und
— die Berliner Konferenz —

Von

Professor R. Camerer

Dr. phil. Dr. Ing.

München

Sonderabdruck aus der „Zeitschrift für das gesamte Turbinenwesen"

Herausgegeben von Wolfgang Adolf Müller, Zivilingenieur

(Druck und Verlag von R. Oldenbourg in München und Berlin)

München

Druck und Verlag von R. Oldenbourg

1906

Sonderabdruck aus „Zeitschrift für das gesamte Turbinenwesen"
Jahrg. 1906, Heft 28.
Herausgegeben von W. A. Müller, München, Glückstraße 8.

Einheitliche Bezeichnungen für den Turbinenbau.

Vereinbart auf der Berliner Konferenz am 10. Juni 1906.

Indices.

Im Anschluß an Fig. 1 bis 4 möge bezeichnet werden durch Index

e ein beliebiger Punkt im Eintrittsquerschnitt F_e,

a im Austrittsquerschnitt F_a,

0 im Leitradaustritt F_0 bzw. f_0,

1 im Laufradeintritt F_1 bzw. f_1,

2 im Laufradaustritt F_2 bzw. f_2,

3 im Saugrohreintritt F_3,

4 im Saugrohraustritt F_4.

Die Querschnitte F_e, F_a, F_3 und F_4 werden normal zur Längsrichtung des Kanals bzw. Rohres, die Querschnitte F_0, F_1 und F_2 normal zu der auf der Umfangsgeschwindigkeit u senkrechten Geschwindigkeit c_m (s. Fig. 2 und 3) und zwar für die gesamte Wassermenge gerechnet.

f_0, f_1 und f_2 bedeuten die Querschnitte je für einen Kanal und zwar f_0 senkrecht zur absoluten

Geschwindigkeit c_0, f_1 und f_2 senkrecht zur relativen Geschwindigkeit w_1 bzw. w_2.

Der Index I bedeutet die auf 1 m Gefälle bezogene Größe.

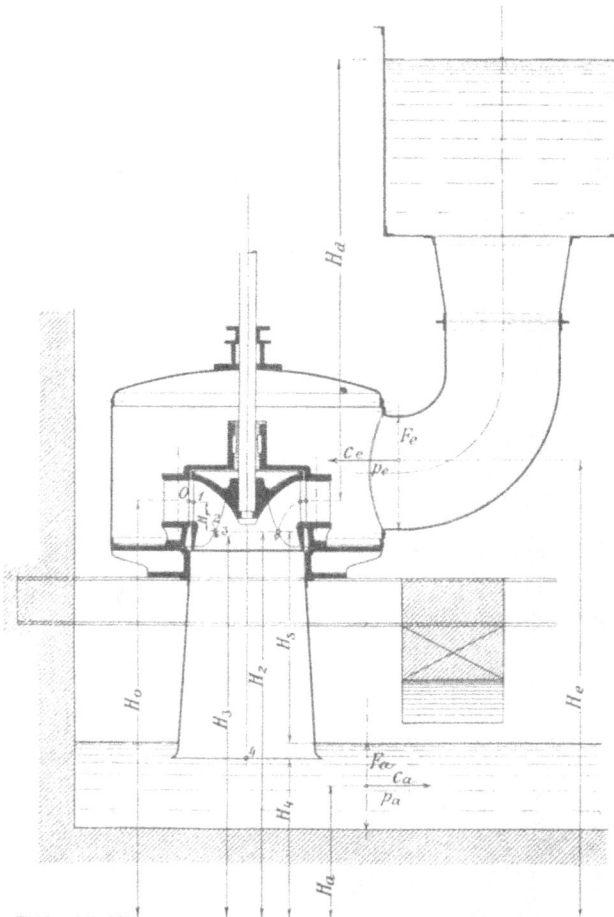

Fig. 1.

Formelzeichen.

$Q =$ Wasservolumen in der Sekunde, insbesondere die Wassermenge bei voller Beaufschlagung der Turbine, somit Q_1 der Wasserverbrauch bei 1 m Gefälle.

$Q_n =$ Normalwassermenge. Bei ihr ist die Bedingung „stoßfreien Eintritts" $(\beta_1 = \beta_1')$ (s. Fig. 4) erfüllt.

$G =$ Wassergewicht in der Sekunde.

$\gamma =$ Gewicht der Volumeneinheit.

$g =$ Erdbeschleunigung.

$M =$ Wassermasse pro Sekunde $= \dfrac{Q \cdot \gamma}{g}$.

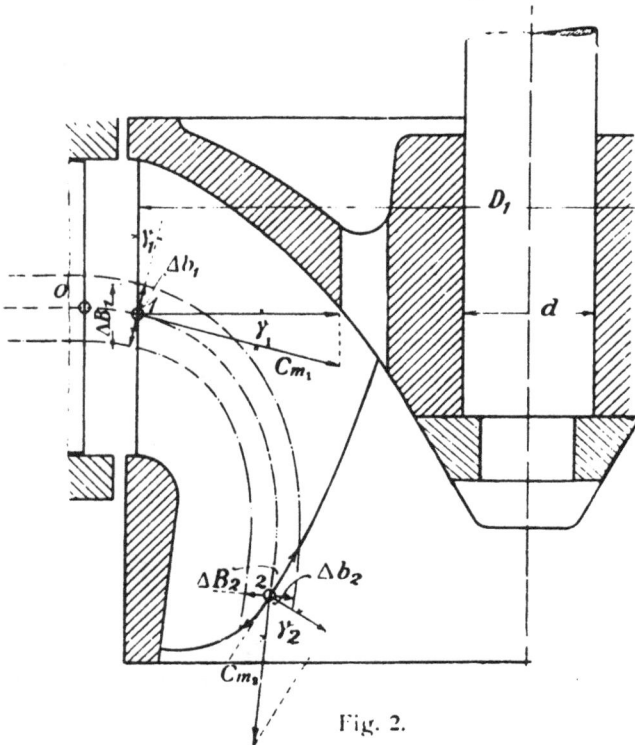

Fig. 2.

H mit Index = Höhenkote des in der Figur bezeichneten Punktes über einer beliebig gewählten unterhalb der Anlage befindlichen Horizontalfläche.

Somit z. B. GH_e = Arbeitsvermögen der Lage der sekundlichen Wassermenge über der Niveaufläche, in dem Punkte e des Eintrittsquerschnitts.

p = Wasserpressung

h = die der Pressung entsprechende Wassersäule = $\frac{p \cdot}{\gamma}$

Somit $Q\ p_e$ = Arbeitsvermögen des Druckes in dem gezeichneten Punkte des Eintrittsquerschnitts

Eintrittsdreieck.　　　　　　　Austrittsdreieck.

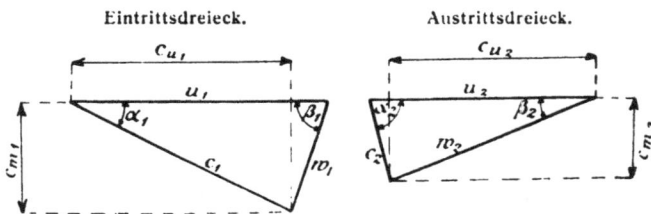

Fig. 3.

ω = Winkelgeschwindigkeit.

u = Umfangsgeschwindigkeit (s. Fig. 3).

c = absolute Geschwindigkeit

c_u = Umfangskomponente der absoluten Geschwindigkeit.

c_m = Meridiankomponente der absoluten Geschwindigkeit.

w = Relativgeschwindigkeit im Laufrad.

Somit $M \cdot \dfrac{c_e^2}{2}$ Arbeitsvermögen der Bewegung im Eintrittsquerschnitt.

Danach gesamtes für die Turbine in Frage kommendes Arbeitsvermögen des Wassers beim Eintritt

$$A_e = G \cdot H_e + Q \cdot p_e + M \cdot \frac{c_e^2}{2}$$

$$= Q\,\gamma \cdot \left(H_e + h_e + \frac{c_e^2}{2\,g}\right)$$

für $(Q \cdot \gamma = 1) = H_e + h_e + \frac{c_e^2}{2\,g}.$

Dasselbe für den Austritt:

$$A_a = H_a + h_a + \frac{c_a^2}{2\,g}.$$

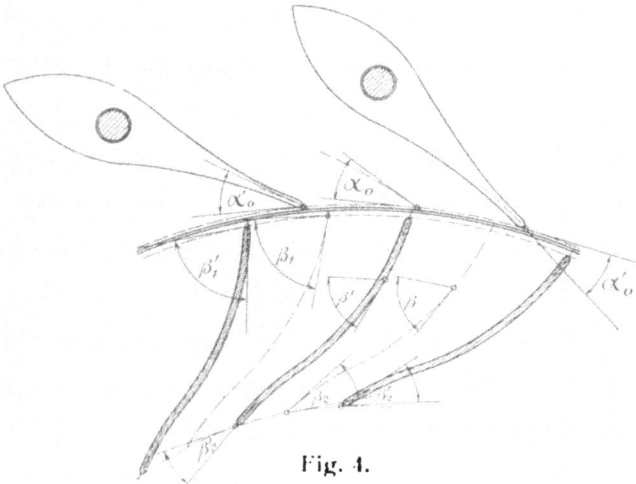

Fig. 4.

Daraus die Definition des Gefälles als Summe von Höhen-, Druck- und Geschwindigkeitsgefälle

$$H = H_e - H_a + h_e - h_a + \frac{c_e^2 - c_a^2}{2\,g}$$

Weiter bedeuten nach Fig. 1:

$H_d =$ Druckhöhe = lotrechte Entfernung von Oberwasserspiegel bis zum Laufradeintritt Punkt 1

$H_r =$ Radhöhe = lotrechter Abstand zwischen Punkt 1
und 2.

$H_s =$ Saughöhe = lotrechte Entfernung von Laufradaustritt Punkt 2 bis zum Unterwasserspiegel.

$H_n =$ Nettogefälle = lotrechte Entfernung von Ober-
bis Unterwasserspiegel $H_n = H_d + H_r + H_s$.

R mit Index = Reibungsarbeit in mkg derart, daß z. B.
R_2 den Reibungsverlust zwischen 1 und 2 bedeutet.

In der Reibungsarbeit R sind alle hydrau-
lischen Reibungs-, Stoß-, Wirbelverluste u. dgl.
inbegriffen.

ϱ auf das Gefälle 1 bezogene, spezifische Reibungsarbeit, z. B. $\varrho_2 = \dfrac{R_2}{H}$.

Die Winkel der Wassergeschwindigkeiten werden
nach Fig. 2, 3 und 4 mit α, β, γ, die entsprechenden, im allgemeinen davon etwas verschiedenen
Schaufelwinkel mit α', β', bezeichnet.

$N =$ verfügbare Leistung an der Turbine in PS =
$$= \frac{1000 \cdot Q \cdot H}{75}.$$

$\varepsilon =$ hydraulischer Wirkungsgrad der Turbine.

$N_\varepsilon =$ hydraulische Leistung = $\varepsilon \cdot N$.

$\eta =$ mechanischer Wirkungsgrad der Turbine.

$e =$ Gesamtwirkungsgrad der Turbine = $\varepsilon \cdot \eta$.

$N_e =$ Effektivleistung = $e \cdot N$.

$N_g =$ gesamte verfügbare Leistung der Anlage =
$$= \frac{1000 \cdot Q \cdot H_g}{75}, \text{ wobei}$$

$H_g =$ Gesamtgefälle.

$e_g =$ Gesamtwirkungsgrad der Anlage.

$N_e = e_g \cdot N_g$.

$n =$ Umdrehzahl in der Minute.

$n_s =$ spezifische Umdrehzahl, d. i. die in 1 m erzielte Umdrehzahl der 1 PS-Turbine =

$$= \frac{1}{\sqrt[4]{H^5}} \cdot n \cdot \sqrt{N_e} = n_1 \sqrt{N_{e_1}}$$

$a =$ Schaufelweite.

$b =$ effektive d. h. senkrecht zur Wassergeschwindigkeit und zur Umfangsgeschwindigkeit gemessene Schaufelbreite (s. Fig. 2).

$B =$ konstruktive Schaufelbreite.

$\varDelta b$ und $\varDelta B =$ die entsprechenden Werte für eine Teilturbine bzw. Wasserstraße.

$D =$ Durchmesser, insbesondere

$D_1 =$ Laufradeintrittsdurchmesser,

$D_2 =$ Laufradaustrittsdurchmesser, d. h. doppelter Abstand des Schwerpunktes der effektiven Schaufelbreite b von der Turbinenachse,

D_3 und $D_4 =$ Saugrohrdurchmesser in den Punkten 3 und 4.

$z =$ Schaufelzahl.

$s =$ Schaufeldicke.

$t =$ Teilung, auch Zeit in Sekunden.

Druck von R. Oldenbourg, München.